非洲猪瘟

防控知识问答

徐志宏　主编

广东科技出版社 | 全国优秀出版社

·广　州·

图书在版编目（CIP）数据

非洲猪瘟防控知识问答 / 徐志宏主编. —广州：广东科技出版社，2019.3

ISBN 978 7-5359-7065-7

Ⅰ.①非… Ⅱ.①徐… Ⅲ.①非洲猪瘟病毒—防治—问题解答 Ⅳ.① S852.65-44

中国版本图书馆 CIP 数据核字（2019）第 029795 号

非洲猪瘟防控知识问答

Feizhou Zhuwen Fangkong Zhishi Wenda

责任编辑：罗孝政　区燕宜
封面设计：柳国雄
责任校对：梁小帆
责任印制：彭海波
出版发行：广东科技出版社
　　　　　（广州市环市东路水荫路 11 号　邮政编码：510075）
http://www.gdstp.com.cn
E-mail: gdkjyxb@gdstp.com.cn（营销）
E-mail: gdkjzbb@gdstp.com.cn（编务室）
经　　销：广东新华发行集团股份有限公司
印　　刷：广州一龙印刷有限公司
　　　　　（广州市增城区荔新九路 43 号 1 幢自编 101 房　邮政编码：511340）
规　　格：787mm×1 092mm 1/32　印张 1.125　字数 30 千
版　　次：2019 年 3 月第 1 版
　　　　　2019 年 3 月第 1 次印刷
定　　价：8.00 元

如发现因印装质量问题影响阅读，请与承印厂联系调换。

《非洲猪瘟防控知识问答》
编委会

主　编：徐志宏

副主编：魏文康　　孙铭飞

编　委：向　华　　李春玲　　张建峰　　廖申权

　　　　吕殿红　　蔡汝健　　王晓虎　　翟少伦

　　　　戚南山　　康桦华

主编单位

广东省农业科学院动物卫生研究所（原兽医研究所）是省级专业科研机构，设有猪病、禽病、寄生生物学、水产病害、生物技术、动物疫病诊断、兽药等8个学科，主要从事畜禽、水产等动物的疾病研究，畜禽、水产等动物的中西兽药、生物制剂研制及产业化。现有在职员工99人，专业技术人员80人。其中正高级职称8人，副高级职称27人。国家"千人计划"引进人才1人，广东省特支人才计划1人，珠江新星3人，院金颖之光1人，金颖之星2人，青年研究员1人。

建有广东省畜禽疫病防治研究重点实验室、广东省兽医公共卫生公共实验室、农业部兽用药物与诊断技术学科群广东科学观测实验站、广东省兽用生物制品国际研发中心、广东省动物疫病诊断工程技术研究中心、广东省中兽药工程技术研究中心等平台。"十二五"以来，承担各类科技项目260余个，经费达 9 500 万元；获国家、省市各级奖励 27 项，获三类新兽药注册证书 1 个，授权国家专利 67 件，发表论文 256 篇，SCI 收录 88 篇。

　　动物疫病诊断中心是研究所下属的对外服务机构，设有综合部、检测部（血清检测室、核酸检测室、细菌分离鉴定室）、诊疗部（动物医院），承担畜禽及宠物疫病的诊断、抗原抗体的检测。2011 年，获得广东省质量技术监督局计量认证证书，成为兽医领域内首家第三方检测机构，目前检测项目参数达 86 个。是广东省、广州市等地级市动物疫情信息采集点，是广东省非洲猪瘟的定点检测单位。

目录

目录

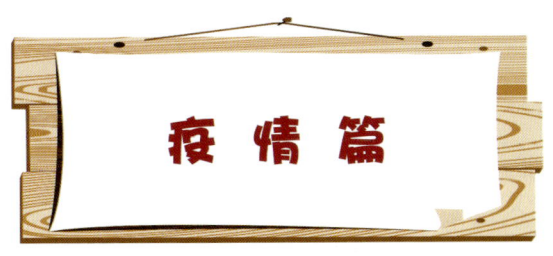

1. 非洲猪瘟是什么？

　　非洲猪瘟是由非洲猪瘟病毒（ASFV）引起
猪的一种广泛出血性、高度接触性传染病，最急
性和急性感染可引起猪 100% 死亡。世界动物卫
生组织（OIE）将其列为必须通报的动物疫病，
我国将其列为重点防范的一类动物疫病。

2. 当前我国非洲猪瘟疫情形势如何？

　　根据农业农村部通报，截至 2019 年 1 月 14
日，全国已有 24 省（区、市）共发生了 100 多
起疫情，累计扑杀生猪 91.6 万头。目前，已有
21 个省份的 77 个疫区按规定解除封锁。疫情处
于点状散发，没有流行蔓延。

3. 全球非洲猪瘟疫情形势如何？

非洲猪瘟 1921 年在肯尼亚首次发现，全球共有 37 个国家和地区报告发生非洲猪瘟。目前主要在非洲和欧洲流行，近年来逐步传播至俄罗斯远东地区。2018 年以来，疫情已在俄罗斯、罗马尼亚等多个国家暴发流行。据 OIE 通报，2018 年除我国外，有 13 个国家报告发生 3 800 多起疫情。该病在东欧和我国周边国家长期流行、不断扩散蔓延，这些国家与我国国际贸易和人员交流频繁，境外疫情传入我国的风险依然很大。

4. 我国发生的非洲猪瘟疫情扩散、传播的主要途径有哪些？

传播途径主要有 3 种。一是生猪及其产品跨区域调运。因异地调运引发的疫情共有 13 起，约占全部疫情 19%。二是餐厨剩余物喂猪。因餐厨剩余物喂猪引发的疫情共有 23 起，约占全部疫情 34%。三是人员与车辆带毒传播。生猪调运车辆和贩运人员携带病毒后，不经彻底消毒进入其他猪场，也可传播疫情。这是当前疫情扩散的最主要方式，约占全部疫情 46%。

5. 非洲猪瘟病毒会不会感染人？

非洲猪瘟病毒不会感染人。

6. 非洲猪瘟病毒（ASFU）是DNA病毒还是RNA病毒？

非洲猪瘟病毒属于DNA病毒目，非洲猪瘟病毒科，非洲猪瘟病毒属成员，是一种具有20面体结构，直径为175~215nm，基因组全长170~190kb，含有151个开放阅读框，可编码150~200种蛋白，具有囊膜的双股线性DNA病毒。

7. 我国发生的非洲猪瘟病原是从哪里来的？

我国发生的非洲猪瘟病原确认是从国外传入的。2018年之前，我国一直没有非洲猪瘟。分子流行病学研究表明：传入我国的非洲猪瘟病毒属基因Ⅱ型，与格鲁吉亚、俄罗斯、波兰公布的毒株全基因组序列同源性为 99.95% 左右。

8. 非洲猪瘟跨国境传入的途径主要有哪些？

通常非洲猪瘟跨国境传入的途径主要有四类：一是生猪及其产品国际贸易和走私，二是国际旅客携带的猪肉及其产品，三是国际运输工具上的餐厨剩余物，四是野猪迁徙。

9. 我国已经发生的 2 起野猪非洲猪瘟疫情和家猪的疫情有什么关系？

经对死亡野猪采样检测，实验室检测结果表明，引发吉林和黑龙江白山野猪疫情的病毒，在基因的关键位置存在明显差异，不同于引发国内家猪疫情的病毒。从现有调查和检测结果看，基本可以明确，这 2 起野猪疫情和国内已有家猪疫情没有直接关系，不是由家猪传给野猪。由于发现地处于边境地区，森林覆盖率高、野猪活动密集，很可能是境外传入疫情。

10. 非洲猪瘟病毒主要在猪的哪些部位存在？存活时间有多久？

在发病猪的所用脏器、血液及排泄物中都存在非洲猪瘟病毒，在室温下可存活一年半之久。

11. 非洲猪瘟病毒可能存在哪些食品中？

非洲猪瘟病毒在冷冻的生猪肉中可存活几个月，在去骨猪肉、含骨猪肉、绞肉里可以存活100天，在腌制的猪肉产品如巴拿马火腿、西班牙火腿、肘子、伊比利亚腰子中可存活100多天，在烟熏的去骨肉中可存活3周。

12. 加热能杀死猪肉或相关食品中的非洲猪瘟病毒吗？

是的，56℃加热70分钟、60℃加热30分钟、100℃加热10分钟即可杀死非洲猪瘟病毒。

13. 非洲猪瘟病毒污染了衣服、工具、家庭住所，怎么办？

肥皂水、洗涤剂、低浓度的烧碱溶液等碱性物质都可用来消灭衣服、工具或家庭用具上的非洲猪瘟病毒。

14. 非洲猪瘟病毒是如何感染野猪和家猪的？

蜱叮咬野猪或家猪可把非洲猪瘟病毒传播给野猪或家猪，家猪之间可通过口腔、呼吸道、皮肤伤口、肌内注射、皮下注射、腹腔注射、静脉注射等方式互相传播。

15. 非洲猪瘟的临床症状有哪些？

非洲猪瘟的临床症状随 ASFV 的毒力、感染剂量、感染途径和猪的种类或品种的不同而不同。

超急性型：猪突然死亡，很少有临床症状。

急性型：主要表现为高热（40~41℃）、食欲减退、皮肤出血（耳、腹部和腿部皮肤发红）、怀孕母猪流产、发绀、呕吐、腹泻和 6~13 天（或最多 20 天）内死亡。死亡率可高达 100%。

亚急性型和慢性型：由中、低毒力 ASFV 引起的，亚急性型 ASF 表现为暂时性的血小板和白细胞减少，并可见大量出血灶，死亡率较低，为30%~70%。慢性型症状包括体重减轻、间歇性发热、呼吸体征改变、慢性皮肤溃疡和关节炎。

16. 非洲猪瘟的大体解剖病变有哪些？

非洲猪瘟的大体病变主要出现于脾脏、淋巴结、肾脏和心脏。脾脏呈黑红色、肿大、梗死和变脆。淋巴结出血、水肿和变脆。肾脏肾皮质及切面、肾盂切面呈点状出血。心内膜或心外膜有出血点或出血斑。

生物媒介篇

17. 非洲猪瘟的生物媒介有哪些？

钝缘软蜱是非洲猪瘟的主要生物媒介，此外，吸血昆虫（如蚊、厩螫蝇等）也能通过叮咬野猪或家猪传播非洲猪瘟病毒。

18. 哪些蜱虫可以传播非洲猪瘟？

蜱分为硬蜱、软蜱和纳蜱，仅钝缘软蜱属的蜱虫是非洲猪瘟的生物媒介。

19. 钝缘软蜱常见于哪些自然环境？

钝缘软蜱能适应干燥（<20%湿度）和高温环境（非洲钝缘软蜱可耐受63℃），主要分布在小型哺乳动物和啮齿动物的洞穴，野生动物栖息的沟壑及猪圈等环境。

20. 我国存在钝缘软蜱吗？

存在。

21. 我国钝缘软蜱主要分布在哪些地区？

目前我国钝缘软蜱的调查仍不充分，据报道我国的钝缘软蜱主要集中在北部荒漠和半荒漠地区的新疆、陕西和山西。利用相关软件分析我国钝缘软蜱的适生性，发现华北、华中地区可能为钝缘软蜱的高发区。

22. 蜱虫在非洲猪瘟传播中起哪些作用？

钝缘软蜱不仅可以携带非洲猪瘟病毒，也是病毒的储存宿主。在蜱虫存在的自然环境中，非洲猪瘟病毒能在饲养环境和野生环境间持续循环传播。

23. 非洲猪瘟病毒在蜱虫体内的存活时间有多长？

非洲猪瘟病毒可在蜱的发育期、交配期传播及通过虫卵传播，在蜱的种群中持续保持感染性，时间长达数月甚至数年。

生物媒介篇

24. 如何做好与非洲猪瘟相关的蜱类防治?

尽量封闭饲养生猪,采取隔离防护措施,尽量避免生猪与野猪、蜱虫接触。此外,可以使用氯吡硫磷、哒螨灵、乙螨唑、灭幼脲、λ-氯氟氰菊酯等化学药物辅助灭蜱。

25. 对钝缘软蜱的防治有哪些新的手段?

除采用化学药物灭蜱,目前没有更有效的灭蜱方法,但研究者已积极致力于抗钝缘软蜱疫苗的研制,免疫控制技术有望成为其防控手段之一。

诊断与检测篇

26. 非洲猪瘟的诊断和检测，需要采集哪些样品？

由于非洲猪瘟的临床病变与经典猪瘟难以区分，需要依靠病原学和血清学进行确诊。一般采集病猪的血液、脾脏、肝脏、淋巴结和扁桃体等组织，按要求送到政府指定实验室进行检测。

27. 对疑似非洲猪瘟感染的病死猪，采集送检样品后，应该如何处理？

解剖病死猪后必须用消毒剂消毒现场，病死猪只运入生物处理坑、焚烧炉焚烧或其他无害化处理方法处理后，相关运输工具和地表用消毒液泼洒，地表用生石灰掩盖消毒，参与人员不得在生产区随意走动，更换衣物、洗澡消毒后方可返回生产岗位。

28. 非洲猪瘟的病原学检测方法有哪些?

最常用的实验室检测方法有聚合酶链式反应（PCR）和实时荧光定量 PCR。普通 PCR 和实时荧光定量 PCR 是 OIE 推荐的方法。PCR 引物一般都是靶向病毒基因组高度保守区域 p72 基因设计，具有较高特异性和敏感性。

29. 非洲猪瘟的血清学检测方法有哪些?

猪感染非洲猪瘟病毒后 7~10 天可出现抗体，抗体可以持续很长时间，由于目前没有非洲猪瘟疫苗可用，因此抗体检测可作为感染非洲猪瘟病毒的诊断依据，适合大批样品筛查。抗体检测方法主要有酶联免疫吸附试验（ELISA），具有诊断意义的蛋白主要有 p72、p54、p30（p32）和 p62。

30. 哪些实验室可以检测非洲猪瘟?

目前广东省具有非洲猪瘟检测资格的机构有：广东省动物疫病预防控制中心、21 个市级动物疫病卫生监督或预防控制中心、华南农业大学农业农村部人兽共患病重点实验室以及广东省农业科学院动物卫生研究所动物疫病诊断中心等 24 家单位。

31. 疑似非洲猪瘟病毒感染的病料，应该怎样送往检测实验室？

采集动物血液和组织样品放入不透水、防泄漏的内包装容器内，具备结实、不透水和防泄漏的辅助包装，同时有冰袋或者干冰放在辅助包装周围，具体可咨询 020-85292955。

32. 如果实验室检测发现非洲猪瘟病毒疑似阳性结果应该如何处置？

各受委托实验室将检测结果在规定时间内报至广东省动物疫病预防控制中心，一旦有疑似阳性结果需立即报告，并将疑似阳性样品送至广东省动物疫病预防控制中心进行复核。广东省动物疫病预防控制中心及时将汇总结果报广东省农业农村厅。

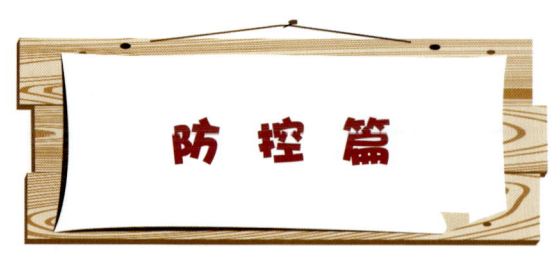

防 控 篇

33. 当前我国非洲猪瘟防控的首要任务是什么？

依据国际非洲猪瘟防控经验，当前阶段的首要任务是完善非洲猪瘟综合防控措施，主要做好生物安全防控措施，同时强化新型免疫技术攻关。

34. 非洲猪瘟目前有商品化疫苗吗？

目前，国内外均没有有效的非洲猪瘟疫苗。主要原因：非洲猪瘟病毒基因类型多，数量庞大，免疫逃逸机制复杂多样，可逃避宿主免疫细胞的清除。现阶段已研制的一些非洲猪瘟疫苗，虽然能诱导产生一定水平的抗体，但并不具备中和非洲猪瘟病毒的能力，无法达到有效防控非洲猪瘟的目的。

35. 针对非洲猪瘟，我国都做了哪些应对工作？

自该病 2007 年传入俄罗斯以来，农业农村部先后印发了《非洲猪瘟防治技术规范（试行）》和《非洲猪瘟疫情应急预案》，在我国北方边境省份等高风险地区多次组织开展应急演练，并连续多年在全国范围内开展监测。2017 年，俄罗斯远东地区伊尔库茨克州发生非洲猪瘟疫情后，农业农村部立即印发《关于进一步加强非洲猪瘟风险防范工作的紧急通知》，要求各地高度警惕疫情风险，切实做好风险防范工作。

36. 养猪场如何做好非洲猪瘟防控？

做好养殖场生物安全防护是防控非洲猪瘟的关键。一是严格控制人员、车辆和易感动物进入养殖场，进出养殖场及其生产区的人员、车辆、物品要严格落实消毒等措施。二是尽可能封闭饲养生猪，采取隔离防护措施，尽量避免与野猪、钝缘软蜱接触。三是严禁使用泔水或餐余垃圾饲喂生猪。四是积极配合当地动物疫病预防控制机构开展疫病监测排查，特别是发生猪瘟疫苗免疫失败、不明原因死亡等现象，应及时上报当地兽医部门。

37. 防控非洲猪瘟"五要四不要"是什么？

防控非洲猪瘟，重点是做好猪群饲养管理，做到"五要四不要"。

"五要"：一要减少场外人员和车辆进入猪场；二要对人员和车辆入场前彻底消毒；三要对猪群实施全进全出饲养管理；四要对新引进生猪实施隔离；五要按规定申报检疫。

"四不要"：一不要使用餐馆、食堂的泔水或餐余垃圾喂猪；二不要散放饲养，避免家猪与野猪接触；三不要从疫区调运生猪；四不要对出现的可疑病例隐瞒不报。

38. 非洲猪瘟的重点防控措施有哪些？

消灭传染源和切断传播途径是防控动物疫病的主要措施，也是防控非洲猪瘟的关键手段。措施包括：灭、查、限、禁。

灭——快速消灭疫源。一旦发现疫情，应急处置工作务必坚决，行动务必迅速，措施务必全面到位，抓好封锁、扑杀、消毒、无害化处理等工作，力争在最短时间内彻底拔除疫点，坚决防止疫情扩散蔓延。

查——全面加强排查监测。针对生猪交易市场、屠宰场、无害化处理厂、北部边境省份等重点区域和关键环节，加大巡查频次，开展针对性抽样监测。同时，加大入境口岸、交通枢纽周边地区以及中欧班列沿线地区的监测力度。

限——限制生猪移动。要求各地切实加强生猪调运监管，同时从严从重处罚违法调运行为。

禁——禁止使用未经高温处理的餐厨剩余物饲喂生猪。要求各地明确监管职责，切实加强餐厨剩余物收集、运输、储存、无害化处理等各环节的监管。

39. 国家加强非洲猪瘟疫病防治能力重点在哪些环节？

一是进一步强化防控措施，坚决拔点、灭源、防扩散。全面开展疫情排查，第一时间掌握疫情，第一时间拔点灭源。全面实施生猪承运车辆备案制度，明确生猪收购贩运单位和经纪人管理要求。严格查处生猪违规交易和违规跨省外调运，推动变"调猪"为"调肉"。督促地方进一步明确餐厨剩余物管理部门和责任，实施全链条管理，不折不扣落实禁止使用餐厨剩余物饲喂生猪的要求。

二是进一步强化防堵措施，严防境外疫情再次传入。会同有关部门聚焦重点环节，加强对国际运输工具、国际邮件、国际快件、出入境旅客携带物的查验和检疫，加大打击走私力度。加强联防联控，联合开展流行病学调查，查清传入的风险途径，以阻断境外疫情传入风险。

三是进一步抓好生产供给，不断提升综合保障能力。督促地方认真落实"菜篮子"市长负责制，加快调整猪肉供应链，大力推行"集中屠宰、品牌经营、冷链流通、冷鲜上市"，切实维护生猪产品正常流通秩序。指导强化种猪场和规模养猪场防疫管理，保护基础产能。鼓励各地和大型养猪企业按照区域化管理要求，探索建立无疫区和无疫小区。

四是进一步压责追责问责，确保各项防控措施落地。督促各地方政府充分发挥防控应急指挥机构的作用，对防控工作实施集中统一指挥，层层传导压力。进一步落实部门监管责任，严厉打击生产经营主体违法违规行为，确保关键防控措施落地。组织对各地防疫情况开展飞行检查，对查实的问题，坚决从严追责问责。

40. 非洲猪瘟暴发，兽医部门主要有哪些应急措施？

根据《非洲猪瘟疫情应急预案》及时启动应急响应。

一是当地政府迅速组织有关部门，划定疫点、疫区、封锁区，每个封锁区出入口都设立消毒站和岗哨，出入人员、车辆和物品需严格消毒，确保封锁区内的生猪及猪产品都运不出去，并暂停生猪调出。

二是对疫点和疫区内所有生猪进行扑杀及无害化处理；对排泄物以及被污染或可能被污染的饲料、垫料和污水进行无害化处理；对可能被污染的物品、交通工具、用具、猪舍、场地等进行彻底消毒。

三是要求其他养殖户封闭饲养生猪，采取隔离防护措施，尽量避免与野猪、钝缘软蜱接触；严禁使用未经高温处理的餐馆、食堂的泔水或餐余垃圾饲喂生猪；一旦出现不明原因死亡异常增多且有猪瘟类似症状的，应及时上报当地兽医部门。

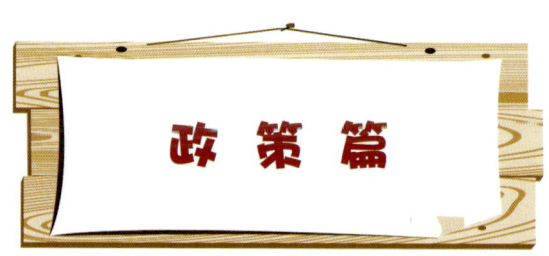

41. 我国主要出台了哪些政策用于指导和规范非洲猪瘟疫病防控？

国务院及农业农村部先后下发 12 个文件：《国务院办公厅关于做好非洲猪瘟等动物疫病防控工作的通知》（国办发明电〔2018〕10 号）、《国务院办公厅关于进一步做好非洲猪瘟防控工作的通知》（国办发明电〔2018〕12 号）、《农业农村部办公厅关于做好非洲猪瘟防治工作的紧急通知》（农明字〔2018〕第 22 号）、《农业农村部办公厅关于防治非洲猪瘟加强生猪移动监管的通知》（农办医〔2018〕38 号）、《农业农村部关于切实加强生猪及其产品调运监管工作的通知》（农明字〔2018〕第 29 号）、《农业农村部关于进一步加强生猪及其产品跨省调运监管的通知》（农明字〔2018〕第 33 号）、《农业农村部关于印发〈生猪产地检疫规程〉和〈生猪屠宰检疫规程〉的通知》（农牧发〔2018〕9号）、《农业农村部办公厅关于进一步加强生猪检疫和调运监管工作的通知（农办牧〔2018〕50号）》、《农业农村部办公厅关于做好非洲猪瘟实验室检测工作的通知》（农办牧〔2018〕54号）、《农业农村部办公厅关于印发〈打击生猪屠宰领域违法行为做好非洲猪瘟防控专项行动方案〉的通知》（农办牧〔2018〕59号）、《中华人民共和国农业农村部公告第79号》《农业农村部办公厅关于组织做好生猪运输车辆备案等有关工作的通知》（农办牧〔2018〕63号）。分别从迅速果断处置疫情、加强防控工作部署和督导、强化监测排查、加强畜禽调运监管、严防外来疫病传入、加强流行病学调查、强化生猪调运和泔水喂猪监管、提升动物防疫能力和水平、健全联防联控机制、加强信息发布、强化部门协作、保障生猪生产供应12个方面指导和规范非洲猪瘟疫病防控。

42. 广东省是否出台防控非洲猪瘟相关工作预案？

广东省人民政府办公厅下发《广东省人民政

府办公厅关于成立广东省防控重大动物疫病应急指挥部的通知》（粤办函〔2018〕331号），成立广东省防控重大动物疫病应急指挥部，对非洲猪瘟等重大动物疫病的防控和处置工作实行集中统一指挥。制定了《广东省非洲猪瘟防控工作预案》及《广东省非洲猪瘟突发疫情应急处置预案》。

43. 非洲猪瘟疫情应急防控期间，生猪及其产品的调运监管政策有哪些？

农业农村部先后印发《农业农村部关于切实加强生猪及其产品调运监管工作的通知》（农明字〔2018〕第29号）、《农业农村部关于进一步加强生猪及其产品跨省调运监管的通知》（农明字〔2018〕第33号）和《中华人民共和国农业农村部公告第79号》，就非洲猪瘟疫情应急防控期间的生猪及其产品的调运，以及生猪运输车辆的监管提出明确要求。

44. 防控非洲猪瘟疫情为何要严格控制生猪及其产品的调运监管？

当前，非洲猪瘟防控形势十分严峻，疫情在24个省份发生，已传入我国南方腹地生猪养殖大省。据流行病学调查结果显示，生猪长距离调运是疫情跨区域传播的主要原因，内蒙古、河南的非洲猪瘟疫情均是跨省调运生猪引发的，而不符合动物防疫要求以及未清洗、消毒运输车辆具有较高的疫情传播风险。同时，有不法分子受利益驱使违法违规调运生猪，引发个别地区非洲猪瘟疫情。强化生猪调运及车辆的监管是非洲猪瘟疫情应急响应期间应对这些问题的必然要求，也是防范疫情继续发展蔓延的重要措施。

45. 为什么要全面禁止餐厨剩余物饲喂生猪？

国际上多年来的非洲猪瘟防控实践表明，餐厨剩余物饲喂生猪是非洲猪瘟传播的重要途径。国外有专家对2008—2012年查明的219起非洲猪瘟疫情进行分析，发现45.6%的疫情是饲喂餐厨剩余物引起。我国非洲猪瘟疫情发生后，专家对疫情发生原因进行了初步分析表明，在我国发生的前21起非洲猪瘟疫情中，有多起疫情与饲喂餐厨剩余物有关。这些疫情多分布在城乡接合部，往往呈多点集中发生，这在安徽省2018年9月初的几起疫情中表现尤为明显。农业农村部也曾在内蒙古某养猪场饲喂生猪的餐厨剩余物中检出非洲猪瘟病毒核酸阳性。在我国要求发生疫情省份和疫情相邻省份全面禁止餐厨剩余物饲喂生猪之后，由此引起的疫情已大为减少，这充分说明全面禁止餐厨剩余物饲喂生猪措施的重要性。

46. 如何进行监测预警非洲猪瘟？

2018年8月9日，农业农村部兽医局组织制定了详细的《非洲猪瘟紧急监测实施方案》，2018年9月14日，广东省农业农村厅转发《农业农村部办公厅关于开展非洲猪瘟专项监测的通知》（粤农办〔2018〕577号），开展全省范围内的非洲猪瘟监测排查，对重点区域、关键环节和不明原因死亡生猪加大监测力度。

47. 哪些是防控非洲猪瘟的关键场所？

生猪养殖场、畜禽交易场所、屠宰场所、病死畜禽无害化处理场为防控非洲猪瘟关键场所。

48. 针对关键场所，如何防控？

广东省农业农村厅已分别针对4类场所发出预警告知书，预警提醒相关防疫风险场所主动落实相应措施。

49. 发生了疑似非洲猪瘟该怎么办？

养殖户发现疑似非洲猪瘟症状时，应立即隔离猪群，限制猪群移动，并立即通知当地村级防疫员或当地畜牧兽医机构，同时要做好消毒工作，配合有关部门做好移动监管。

50. 非洲猪瘟强制扑杀后怎么补助？

现在非洲猪瘟已经纳入我国强制扑杀补助范围，并对 2018 年疫情强制扑杀的生猪平均给予1 200 元 / 头的补助。所以，养殖场户不要有太多顾虑，应及时主动报告疫情，配合有关部门做好疫情处置工作，坚决彻底拔除疫点，降低疫病传播风险。

政策篇

检验检测机构
资质认定证书

证书编号：201719040802

名称： 广东省农业科学院动物卫生研究所动物疫病诊断中心

地址： 广州市天河区白石岗街

　　经审查，你机构已具备国家有关法律、行政法规规定的基本条件和能力，现予批准，可以向社会出具具有证明作用的数据和结果，特发此证。资质认定包括检验检测机构计量认证。

　　检验检测能力及授权签字人见证书附表。

　　你机构对外出具检验检测报告或证书的法律责任由广东省农业科学院动物卫生研究所承担。

发证日期：2017 年 10 月 31 日

有效期至：2023 年 10 月 30 日

发证机关：（印章）

许可使用标志

201719040802

注：需要延续证书有效期的，应当在证书届满有效期 3 个月前提出申请，不再另行通知。

本证书由国家认证认可监督管理委员会监制，在中华人民共和国境内有效。

复查